U0291890

趣味少儿茶艺

徐南眉
徐志高　编著

中国建材工业出版社

图书在版编目（CIP）数据

趣味少儿茶艺／徐南眉，徐志高编著．－－北京：中国建材工业出版社，2020.5
ISBN 978-7-5160-2901-5

Ⅰ．①趣… Ⅱ．①徐… ②徐… Ⅲ．①茶文化－中国－少儿读物 Ⅳ．①TS971.21-49

中国版本图书馆CIP数据核字（2020）第067671号

趣味少儿茶艺
Quwei Shaoer Chayi

徐南眉　徐志高　编著

出版发行：中国建材工业出版社
地　　址：北京市海淀区三里河路1号
邮　　编：100044
经　　销：全国各地新华书店
印　　刷：北京天恒嘉业印刷有限公司
开　　本：710mm×1000mm　1/16
印　　张：5
字　　数：80千字
版　　次：2020年5月第1版
印　　次：2020年5月第1次
定　　价：48.00元

本社网址：**www.jccbs.com**，微信公众号：**zgjcgycbs**
请选用正版图书，采购、销售盗版图书属违法行为
版权专有，盗版必究。本社法律顾问：北京天驰君泰律师事务所，张杰律师
举报信箱：zhangjie@tiantailaw.com　　举报电话：（010）68343948
本书如有印装质量问题，由我社市场营销部负责调换，联系电话：（010）88386906

《趣味少儿茶艺》编委会

编　　著：徐南眉　徐志高

编委成员：王丰珍　周仙凤　叶　娓　金美娟

　　　　　王　瑜　王　琦　华　波　张引凌

　　　　　刘　颖　林吴杰　曹立冬　高俊卿

道具支持：杭州昕逸文化创意有限公司

拍摄协助：杭州茗秀堂文化创意有限公司

装帧设计：杭州高飞广告有限公司

序

中国作为茶的故乡，茶的原产地，五千年的茶叶发展史形成了丰富多彩的茶文化。20世纪90年代，茶文化得到了快速发展，首先是上海黄浦区少年宫，将茶文化融入到少儿课外教育中，1992年举办了名为"茶的故乡在中国"的少儿茶艺培训班。此后杭州、北京乃至全国的各类少儿茶艺培训纷纷开展，受到了茶叶界和教育界的高度重视，也深受家长和少年儿童的欢迎。

茶是中国传统文化和爱国主义教育的优良载体，在少年儿童中宣传和弘扬中国古老的茶文化，可以让他们从小热爱茶的故乡——中国。茶的知识丰富多彩，孩子们不仅能从中学到许多关于茶、茶具、茶历史等知识，还可以从学习泡茶的过程中培养动手能力。从小饮茶有益于身体健康，各民族饮茶方式也很有趣，深受小朋友们喜爱。近年来各地开展的少儿茶艺竞赛活动内容也越来越精彩。

该书作者从事少儿茶艺研究和宣传推广工作多年，积累了大量图文资料。同时，二位作者又都是杭州上城区南宋点茶非遗传承人。该书介绍了仿南宋点茶，其中很多内容都是经过多次举办少儿茶艺培训班提练总结出来的。书中采用了大量照片及图片，图文并茂、生动活泼，相信会受到茶艺工作者和广大少年儿童的欢迎和喜爱。

程启坤

2020年2月

程启坤：研究员，中国茶叶学会原理事长，中国农业科学院茶叶研究所原所长，世界茶联合会原会长，中国国际茶文化研究会原副会长。

目 录

小茶人学茶艺

（少儿茶歌）

点点头，拍拍手，　　小茶友们唱茶歌。

茶的故乡在中国，　　热爱茶来爱故乡。

中国茶分六大类，　　滋味多样具高香。

茶中营养成分多，　　从小饮茶益健康。

泡茶送茶讲礼仪，　　尊师爱老记心上。

敬上一杯友谊茶，　　以茶交友情谊长。

弘扬传承茶文化，　　中国茶德天下扬。

一、中国是茶的原产地

我们中国是茶的原产地，茶的故乡。早在五千年前，炎帝神农氏尝百草，发现了茶的药用功能。我国唐代著名茶圣陆羽经过调查研究，编写了世界上第一本茶叶全书《茶经》。如今在我国西南地区云南等地，还存在着大量的古茶树，这些都说明了中国是当之无愧茶的发源地。

二、中国茶的饮用历史

中国茶的使用，经历了几个阶段。

（一）药用：神农采茶叶片咀嚼。

茶叶药用，在我国很多古书上有记载。例如：《神农本草》这部我国现存最早的药学专著，对茶的功用就有明确的记载："茶味苦，饮之使人益思、少卧、轻身、明目。"并有"神农尝百草，一日遇七十二毒，得茶而解之"。

（二）食用：采茶叶片加米、姜等材料混煮羹饮。

（三）饮用：

1.制成团饼茶后饮用，唐代采用煮茶法，宋代采用点茶法。

2.散茶。明代废除团饼茶，改制条形散茶，采用泡饮法。

（四）综合利用：今天，茶叶不仅可以饮用，还可以加工成饮料、茶多酚含片、茶菜、茶糕点、药用保健茶等。

三、茶的分类

（一）中国茶的六大分类

1. 绿茶

中国的绿茶，世界闻名，特点是外形秀美，清汤绿叶。

西湖龙井：扁平形　产地：浙江杭州

碧螺春：卷曲形　产地：江苏吴县

太平猴魁：尖形　产地：安徽黄山

2. 红茶

特点：红汤红叶。

祁门红茶：条形　产地：安徽祁门

滇红：条形　产地：云南

3. 乌龙茶

特点：绿叶红边。

闽南乌龙铁观音：卷曲形　产地：福建安溪

闽北乌龙/大红袍：条索形　产地：福建武夷山

广东乌龙/凤凰单丛：条索形　产地：广东潮州

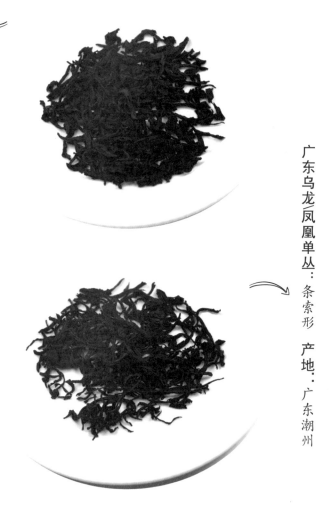

台湾乌龙：①文山包种，条形，产地：台湾台北文山区。②冻顶乌龙，卷曲形，产地：台湾南投县鹿谷乡。③东方美人（白毫乌龙），条形，产地：台湾新竹、苗栗一带。

4. 白茶

特点：外形多白毫，汤色杏黄。

白芽茶：白毫银针　产地：福建

白叶茶：白牡丹　产地：福建

5. 黄茶

特点：黄汤黄叶。

代表：君山银针，产地湖南；蒙顶黄芽，产地四川蒙山；安徽霍山黄芽。

黄茶/君山银针：条索形　产地：湖南

6.黑茶

黑茶是加工紧压茶的原料。黑茶各省名称不同，湖南叫黑茶，湖北叫老青茶，四川叫边茶，广西叫六堡茶，云南叫普洱茶，都是散茶，属后发酵类，统称黑茶类。

黑茶/紧压茶原料：条形

（二）再加工茶类

将六大茶类进行第二次加工，可形成花茶、紧压茶、保健茶、茶菜、茶点心等。其中黑茶压成紧压茶又各有不同形状和名称，如云南普洱饼茶、方砖茶、长方砖茶、沱茶、竹筒茶等；湖南有黑砖茶、茯砖茶、花砖茶、湘尖（即千两茶，长筒形）；湖北有老青砖等。

第4题谜底：猴魁（太平猴魁）

11

四、各类茶的泡法

共用茶具：茶壶、公道杯、小茶杯、杯托、茶巾、小茶罐、茶夹、茶勺、水壶、玻璃杯、赏茶碟、水盂、茶盘。

玻璃杯泡法

小壶泡法

盖碗泡法

泡沫冰红茶

白族三道茶

仿宋点茶

擂茶（土家族）

扫一扫上面的二维码可以观看视频哦！

12

玻璃杯泡法
（适用绿茶、白茶、黄茶等）

1.取具摆放。

2.在玻璃杯中倒入三分之一杯水。

3.轻轻转动杯子进行温杯，随后弃水入水盂。

4.用茶勺取茶叶至赏茶盒。

5.赏茶。

6.用茶勺取茶叶入杯，茶量3克。

7.加少量水盖没茶叶。

8.摇动杯子使干茶滋润展开。

9.取水壶从下到上提举，注水入玻璃杯七分满，可观赏到茶叶在杯中上下翻动。

10.用双手将杯子奉送给客人品饮。

乌龙双杯泡法
（适用乌龙茶）

1.取具摆放。

2.在小茶壶中加入三分之一杯水。

3.在公道杯、小杯中注满水。

4.用茶勺取茶叶至赏茶盒。

5.赏茶。

6.用茶勺取茶叶入小壶。

7.加水盖没茶叶。

8.将小杯中的水倒掉。

9.小茶壶泡好的茶汤分别倒入小杯。

10.用双手将杯子奉送给客人品饮。

盖碗泡法
（适用红茶、花茶）

1.取具摆放。

2.在盖碗中加入三分之一水。

3.在公道杯、小杯中注满水。

4.用茶勺取茶叶至赏茶盒。

5.赏茶。

第7题谜底：红茶

6.用茶勺取茶叶入盖碗。

7.加水盖没茶叶至七八分满。

8.盖碗中茶汤倒入公道杯内。

9.将泡好的茶汤分别倒入小杯。

10.用双手将杯子奉送给客人品饮。

泡沫冰红茶

茶具和佐料：摇酒器、玻璃杯、搅拌棒、红茶包、冰块、果汁。

1．温洗器具后，将红茶包置放在玻璃杯中。开水倒入杯中七分满。上下提举茶包，使红茶充分浸提出来，然后丢弃茶包。

2．红茶汤倒入摇酒器，半杯量，在摇酒器中加入冰块（10块左右，儿童略少）。

3．迅速加盖，将食指压住摇酒器顶部，其他手指抓住摇酒器器身，上下左右摇动，动作越激烈效果越好。

第8题谜底：茶

4．打开盖子，迅速将茶汤和部分冰块倒入杯中，加入果汁，插上吸管品饮。

趣味白族三道茶

主茶具：茶壶一把、小陶罐一只、
　　　　酒精炉一只，小杯三套
　　　　（一套三只，共九只）。
佐料：小沱茶、普通绿茶、蜂蜜、
　　　　花椒、生姜、方糖。

第一道　苦茶：

1. 小沱茶压碎，放入小陶罐，在酒精炉上烘烤，不时抖动陶罐，使茶叶烘烤均匀。

2. 茶叶发黄后，加入开水，在酒精炉上煮沸。

3. 将茶汤倒入小杯中奉客。

第二道　甜茶：

1. 在小茶壶中置放茶叶（绿茶），加水冲泡。

2. 在品茗杯中加入方糖，将冲泡后的茶水倒入品茗杯。

3. 搅拌茶汤并奉送宾客。

第三道　回味茶：

1. 将二道茶小壶中再次加入开水，泡茶。

2. 在各小杯中加入蜂蜜、花椒、生姜。

3. 将茶水分置入小杯并搅拌，奉给宾客。

第10题谜底：请坐奉茶

仿宋点茶

茶具：执壶、点茶碗
（建议用建盏）、茶筅、
茶筅立、茶匙、茶粉盒、
调膏盒。

1. 布置茶席、煮水温盏（碗）。

2. 取茶入盏（将2勺茶粉置入碗中）。

3. 加水调膏（将茶粉用水调成膏状）。

4. 加水击拂（用茶筅上下击打茶汤），再拂去泡，提筅去沫。

5. 分茶细品。

第11题谜底：茶

分茶游戏——现代调膏茶百戏

1. 取茶粉入小盏（调膏盏）。

2. 注水盖过茶粉即止，用茶勺将茶膏搅拌均匀。

3. 用茶针或竹签蘸取茶膏在点好的茶汤沫上写字绘画。

分茶游戏——现代漏影春

1.将点好的茶汤注水至9分满，取茶粉至漏勺。

2.将漏板摆放在茶盏之上，用漏勺将茶粉抖落至漏板上。

3.抖落的茶粉不应太多或太少，撒完后平取漏板。

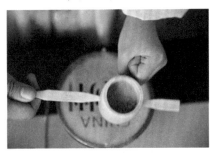 

第12题谜底：茶壶

五、冲茶泡茶讲礼仪

我国历史上就有"客来敬茶"的礼仪。早在3000多年前的周朝，茶就已经成为礼品、贡品。南北朝时，"客来敬茶"已成为当时人际往来的社交礼仪。唐朝时更是将敬茶礼仪作为百姓的日常礼仪来推行。如今"客来敬茶"已是日常社交和家中待客不可缺少的礼仪。在少儿学茶艺的过程中，行走、泡茶、奉茶过程中，礼仪是十分必要的。小朋友在冲茶泡茶时要学习礼仪，它贯穿在冲茶泡茶全过程。在给长辈、同学奉茶、送茶时，少儿可以通过语言和手势来体现尊老敬师、同学情谊。

(一)站立行走讲礼仪

行走时挺胸、收腹，双手放身前，面带微笑。

(二)沏茶泡茶讲礼仪

泡茶时坐姿端正，双手沏茶姿势标准。

(三)送茶奉茶讲礼仪

沏茶后双手举杯奉茶给宾客，说"请用茶"。如接受其他小朋友送茶，要说"谢谢"。

六、从小饮茶益健康

茶叶中含有多种对人体有益的成分，如茶多酚、咖啡碱、氨基酸等。

饮茶可以长寿，许多高龄老人都有饮茶习惯，从小饮茶有益于健康。

七、丰富多彩民族茶

（一）擂茶（土家族）

擂茶流传于湖南、湖北、江西、广东一带，原名为"三生汤"，即将生米、生姜与生茶叶混合研捣成糊状物，然后加水煮沸而成。现经过不断改良，擂茶又增加了许多种佐料，将绿茶（或花茶）与上述佐料放在研钵（bō）中，加少量冷开水，擂捣成浆，再将开水冲入，并不断搅拌，制成擂茶汤，分在碗中品饮。

第14题谜底：八十岁

（二）蒙古族奶茶

蒙古族喝的咸奶茶，大多取用青砖茶或黑砖茶。将水置放在锅中，煮沸后倒入打碎的砖茶，等待5分钟，加入五分之一水量的牛奶，搅拌加入适量的盐巴，再次沸腾后，即可倒在碗中饮用。

 鲜牛奶　 奶酪　 黄油　 砖茶

 小米　 炒米　 食盐

 茶石臼　 奶茶茶壶

 银茶碗　 茶滤网　 润茶碗　 茶刀

水煮沸后倒入打碎的砖茶

加入五分之一水量的牛奶和适量的盐巴煮沸

（三）藏族酥油茶

藏族同胞爱喝酥油茶，先将紧压茶煮20~30分钟，将茶汤倒入打茶桶中，加入少量酥油及其他佐料，用木棍在圆筒中上下搅动，使之成为乳白色稠汤，再倒入瓦壶中，煨在火上，随时取用。酥油茶既能解腻消食又能御寒，适合高寒地区饮用，是藏族同胞迎宾待客的佳品。

紧压茶　　盐　　花生

酥油　　芝麻

将茶汤倒入打茶桶中

用木棍在圆筒中上下搅动，使之成为乳白色稠汤

（四）基诺族凉拌茶

基诺族居住在云南西双版纳地区，他们所吃的凉拌茶是以鲜嫩新梢的茶叶为主料，配以黄果叶等佐料制成，也是一种茶菜。

大蒜

茶叶　　红辣椒

食盐

醋酸

加入红辣椒、大蒜泥、食盐等佐料

冲入泉水

（五）纳西族龙虎斗茶

在纳西族语里称龙虎斗为"阿吉勒烤"。所谓龙虎斗，就是将煮沸的茶汤猛然倒进盛有白酒的茶盅里，会发出声响，故而称作"龙虎斗"。这是由茶与酒相融合的一种带有酒味的茶汤，不仅能解渴，还是治疗感冒的药方。

白酒

红辣椒

茶炉

烤茶罐

茶滤

茶杯

煮茶汤

在盛酒的杯中倒入酒和茶汤

在茶杯里加入辣椒

（六）汉族青豆茶

流传在浙江德清一带的青豆茶，其原料有茶叶、干橙皮、烘青豆、熟芝麻、笋干、胡萝卜丝等。将佐料与茶一起冲泡，后将茶汤与佐料一起吃下。此茶带有青豆等佐料的咸鲜味，别有一番风味。

茶叶　　熟芝麻　　烘青豆

萝卜丝　　干陈皮　　笋干

加料

高冲

36

八、开动脑筋猜茶谜

1.谜面：一人能挑二方土，三口之家乐融融。夕阳下时寻一口，此人还在草木中。**谜目：猜四字广告语**（谜底在第5页）。

2.谜面：一只无脚鸡，立着永不啼，喝水不吃米，客来把头低。**谜目：猜一物**（谜底在第7页）。

3.谜面：人间草木知多少。**谜目：猜一物**（谜底在第9页）。

4.谜面：山中无老虎。**谜目：猜一茶名**（谜底在第11页）。

5.谜面：风满城。**谜目：猜一茶名**（谜底在第13页）。

6.谜面：生在山中，一色相同；泡在水里，有绿有红。**谜目：猜一物**（谜底在第15页）。

7.谜面：生在青山叶儿蓬，死在湖中水染红，人家请客先请我，我又不在酒席中。**谜目：猜一饮品**（谜底在第17页）。

8.谜面：冷水里无动于衷，沸水里馨香浓浓。**谜目：猜一物**（谜底在第19页）。

9.谜面：武夷一枝春。**谜目：猜一茶名**（谜底在第21页）。

10. 谜面：言对青山青又青，二人土上说原因。三人牵牛牛无角，草木之中有一人。**谜目：猜四字礼貌用语**（谜底在第23页）。

11. 谜面：草木有本心。**谜目：猜一字**（谜底在第25页）。

12. 谜面：一个坛子两个口，大口吃，小口吐。**谜目：猜一物**（谜底在第27页）。

13. 谜面：颈长嘴小肚子大，头戴圆帽身披花。**谜目：猜一物**（谜底在第29页）。

14. 谜面：茶壶。**谜目：猜年龄**（谜底在第31页）。

15. 谜面：梅放一枝春。**谜目：猜一茶类**（谜底在第33页）。

16. 谜面：旧居品茗室。**谜目：猜一北京名店**（谜底在第35页）。

17. 谜面：红茶。**谜目：猜一成语**（谜底在第37页）。

18. 谜面：茶圣评定天下水。**谜日：猜一歌唱组合**（谜底在第39页）。

19. 谜面：十分尖锐。**谜目：猜一茶名**（谜底在第41页）。

20. 谜面：人在山水中。**谜目：猜一茶名**（谜底在第43页）。

21. 谜面：怒发如针峰。**谜目：猜一茶名**（谜底在第45页）。

22. 谜面：乌云密布。**谜目：猜一茶名**（谜底在第47页）。

23. 谜面：黑面天子。**谜目：猜一茶名**（谜底在第49页）。

24. 谜面：独木不成林。**谜目：猜一茶名**（谜底在第51页）。

25. 谜面：称王花果山。**谜目：猜一茶名**（谜底在第53页）。

26. 谜面：人在草木中。**谜目：猜一字**（谜底在第55页）。

27. 谜面：草木之中有一人。**谜目：猜一字**（谜底第57页）。

28. 谜面：茗。**谜目：猜一成语**（谜底在第59页）。

29. 谜面：戒烟茶。**谜目：猜一成语**（谜底在第61页）。

30. 谜面：早晨茶。**谜目：猜一成语**（谜底在第63页）。

九、茶的故事

十八棵御茶

在杭州美丽的西子湖畔，不远处就是著名的龙井茶产区。群山之中有一座名叫狮峰山。山上林木葱绿，土层深厚，其中茶树绿叶葱葱，周围的生态环境良好。狮峰山下胡公庙前"十八棵御茶"的标志牌十分醒目。这里常年吸引着中外游客前来参观。

关于十八棵御茶，有一个美丽的传说。相传在清朝乾隆年间，皇帝到杭州，去龙井村巡游狮峰山，看着清澈的泉水，品饮碧绿的茶汤，只见杯中茶芽尖直立，栩栩如生，闻之清香袭袭，喝后回味甘甜。乾隆皇帝不禁走进茶园，和采茶女一起采起茶叶来。这时有官员来报宫中太后患了急病，要皇帝即刻回京。乾隆皇帝闻讯急忙赶回京城。因离杭匆忙，未曾带上礼品。太后问起杭州时，突然传来一股清香便就问乾隆是何物有此香，乾隆这才记起当时采的茶叶还在口袋中，取出一看茶叶已干，但仍发出阵阵清香，便马上命人冲泡给太后品饮。太后是食油腻食物过多而引起的疾病，饮茶后去腻消食，顿感病情大有好转，肠胃也舒服了。太后对乾隆说："儿啊，这是仙茶吧！就像灵丹妙药，将娘的病治好了。"乾隆听了，立即传旨，封杭州龙井胡公庙前的十八棵茶树为"御茶"。从此十八棵御茶的故事就流传开来了。

将十八棵茶树封为御茶。

嘚

三道茶的故事

三道茶是云南大理白族自治州白族同胞的饮茶习俗。苍山和洱海是大理有名的景点，电影"五朵金花"中曾经出现过白族姑娘美丽的身影。相传在苍山脚下洱海边，有一个小山村，村中住着一位技艺精湛的老木匠。他收了个徒弟，徒弟勤奋好学，不过三年，就学会了老木匠的技艺。有一天,师傅对徒弟说："你学了三年木匠，我的技艺你基本都会了。明天早上，你带上工具到苍山去，把我选中的那棵大树砍下来扛回家，锯成木板，这样你就可以出师了。"听了这话，第二天，徒弟一大早就带着工具上山，找到大树后花了很长时间才将它砍倒。这时他满头大汗，顿感口干舌燥，一时又没有水喝，一转身，他看到旁边有一棵树上的嫩芽嫩叶碧绿滴翠，就摘了一些咀嚼，顿时口中生津，满嘴清香。这时师傅上山来给他一颗糖。徒弟吃完，师傅问："滋味如何？"徒弟说："先苦后甜。"

徒弟扛了大树下山回家，将树锯成木板，晚上师傅庆祝徒弟满师，用生姜、花椒、蜂蜜、核桃和茶煮了一碗风味独特的"回味茶"，徒弟喝完，师傅问："感觉如何？"徒弟回答："麻辣甜香，什么味都有。"师傅说："这就是人的一生，年轻时要努力学习，吃苦耐劳，等工作有了成绩，你就会尝到甜头。等到年长后回忆这一切，你会感到回味无穷。"

白族这种先苦、后甜、再回味的三道茶是富含人生哲理的三道茶。

冻顶乌龙茶的故事

冻顶乌龙是台湾南投冻顶山上产的乌龙茶，外形卷曲，味醇高香，属半发酵的乌龙茶类，因为冻顶山上道路崎岖，浓雾弥漫，上山采茶都要绷紧脚趾，台湾称为"冻脚"，故取茶名"冻顶乌龙"。

相传在台湾南投，有一位青年，他热爱家乡，勤奋好学，很想取得功名，做出一番事业来。他听说福建要举行科举考试，但路途遥远，没有路费。乡亲们知道后就你一点我一点地凑了钱，支持他去赶考。青年暗下决心，如能考上，今后有能力一定要回来报答家乡。不久，在福建乡试上，他金榜题名，考上了举人，并取得了官职。在福建他有机会游遍了山山水水，在闽南安溪看见漫山遍野种满了茶树。

当地生产的"铁观音"茶外形卷曲似螺，形似"蜻蜓头"，气味香醇，饮后提神、去腻、健体，深受百姓欢迎。这位青年回台湾省亲时，就将茶苗带回南投，并请安溪师傅到家乡传授制茶技术。形似"蜻蜓头"的南投"冻顶乌龙"问世，不久就风靡全台。

神农的故事

神农是中国古代的神化人物。传说中他是中国农业、医药和许多事物的发明者，被称为炎帝。神农为了研究草药的性能和功效，亲身体验，采集百草尝滋味。有一次他吃下了有毒的植物，不久就感到头昏眼花、口干舌麻、全身无力，于是躺在一颗树下休息。

一阵风吹来，树上落下许多叶子。神农随手取了几片叶子放入口中，滋味苦涩，但咀嚼后感到口中生津，麻木感消失，头脑也逐渐清醒起来。于是他采了一些树叶回家研究，发现这种树叶具有清热解毒的功效，当时神农就取名为"茶"（古代茶字）。

饮茶公主

公元641年，文成公主远嫁藏王松赞干布，陪嫁礼品除珍珠、玛瑙、绫罗绸缎、文房四宝外，还带了许多茶叶和茶具。文成公主喜欢饮茶，爱好以茶敬客。

文成公主当时饮用的是"团茶饼"。入藏后，她常常煮茶赐给大臣和官员。由于西藏地处高寒地带，常年食用牛羊肉和牛羊奶，少食果蔬，而茶可解腻，藏族同胞饮茶后感到肠胃舒畅，解渴提神，全身轻快，大家争相仿效，饮茶之风从此在高原兴起。文成公主又让藏王用牲畜皮毛、藏毯等特产去换取四川等内地的茶叶，并在茶叶中加入奶、酥油等制成酥油茶。从此饮茶之风在高原兴起，一直流传至今。文成公主也被藏民称为"饮茶公主"。

十、少儿茶艺活动实例介绍

各地学校在组织少儿学习茶艺时，可以同时开展丰富多彩的茶文化活动。

（一）举办少儿茶文化演讲会和茶诗词朗诵会

在学茶的基础上，可以让同学们通过举行茶文化演讲和朗诵来巩固学到的知识。内容可以是茶的历史、茶的知识、饮茶体验、茶与健康等。茶诗朗诵可以选择浅显易懂的古茶诗或

2015年中国(杭州)国际名茶博览会上的茶诗朗诵

自编短诗，加上中国传统乐器——快板一起朗诵，增加学茶知识，同时也增加学茶乐趣。

（二）办少儿茶报

学校可以让同学们通过学茶，将学茶体会写下来出黑板报。有的学校让同学们画画，或将小茶人演出的画面拍成照片展出、拍成视频播放等，让参加学茶的同学直观了解学茶的内容，扩大宣传。

（三）举办猜茶谜活动

许多有关茶的知识，可以通过谜语来介绍。如"人在草木中"、"山中无老虎，猴子称大王"等谜语都非常有趣。学校可以让同学们收集或自创茶谜，做成小条幅挂起来，让大家来猜谜。

（四）举办少儿民族茶会

我国是多民族国家，客来敬茶是各民族共同的待客之礼，少儿学习茶艺，一是可以拓宽同学们泡茶方法的思路；二是丰富多彩的饮茶方式也会提高同学们学习茶艺的兴趣。许多民族茶艺还蕴含着丰富的人生哲理，让同学们感受到中国茶文化的博大精深。

1999年10月少儿民族茶会

2000年贵州铜仁少数民族少儿茶艺培训   2001年沪杭两地少儿民族茶艺交流

（五）举办仿古茶艺演示

通过仿古茶艺学习和表演，让同学们了解中国古老的茶文化和品饮方式。唐煮、宋点、明泡，这三个阶段显示了中国茶的发展历程，我们除了传授现代各类茶的冲泡方法外，还要重点教大家宋代点茶的过程，其中的茶百戏，同学们的关注度会更高些。茶不但可以喝，还可以和绘画结合，可谓妙趣横生。这样的学习，不仅可以学到技艺，更让孩子们热爱祖国古老的茶文化。

各类斗茶比赛中的少儿及其参赛作品

（六）参加各类社会活动

　　各学校可和当地相关机构联系，让少儿茶艺队参加社区各项活动，如杭州西湖区九莲小学在社区邻居节上表演少儿茶艺，为建筑工人表演敬茶，收到了良好效果。茶艺活动早在20世纪末便开始举办了。

　　目前，社会各界都在积极开展多种多样的茶文化活动，学校也可组织少儿茶艺队去参加，如每年谷雨全民饮茶日、各地区的茶文化节、八一慰问解放军、各地少儿茶艺赛，参加这些社会活动可以大大提高青少年对茶文化的热爱。

1999年沪杭两地少儿茶艺夏令营

1999年九莲小学少儿茶艺队参加杭州—临安少儿茶艺夏令营在临安茶厂前合影

2004年杭州少儿茶艺队参加全国大赛

2004年余杭百人径山少儿茶道

2008年九莲社区第二届邻居节

（七）动员学生家长

从2009年开始，中国茶叶博物馆举办了首届"中国茶人之家竞赛"，要求每个茶人家庭的两代一起参加。几年来竞赛已经从杭州扩大到了长三角地区，2018年已成为全国范围的大赛，有七十多户来自全国各地的家庭参赛。在2018年4月，由中国国际茶文化研究会专业委员会组织的首届"全国家庭茶艺赛"在宁波举办，要求祖孙三代人参加。这些活动都说明茶文化越来越受到青少年家庭群体的关注。我们也可组织小范围的家庭茶艺赛，邀请学生家庭共同参与，让同学们和家长们共同感受茶文化带来的乐趣。

1999年家庭茶艺大赛

2014年中国（杭州）国际名茶博览会少儿茶艺大赛

第23题谜底：乌龙

（八）举办小小茶会

通过对基础茶艺的学习，同学们懂得了各类茶的基础泡法，尤其是各类调和茶的冲泡，口感更适合少年儿童，可以在此基础上，让同学们设计自制调和茶，在节假日举行小规模茶会，同学们拿出自备的茶具、水果、佐料（葡萄干、蜂蜜等），为来参观茶会的客人泡茶、敬茶，其间还可以进行茶诗朗诵、猜茶谜等活动。

（九）开办小小茶馆

学校可以提供场地，让同学们在学习茶文化的基础上，利用学到的泡茶技艺，开办小小茶艺馆。可以冠以馆名，如××班小茶馆、陆羽茶馆、小茶人茶艺馆等名称，在午间或课外活动期间为同学们泡茶敬茶。

（十）举行专题品饮会

中国茶品类十分丰富，根据中国茶叶大辞典介绍，全国经工商登记有品牌的绿茶品种就有近600种，其中近半数是名优绿茶，还有六大茶类中的其他品类和再加工类。因此中国茶的冲泡方法也是千姿百态，使用的茶具更是多种多样。学校在教授茶艺的同时，可以举办"专题品鉴会"（或品饮会），同学们可以分工：有人介绍该茶的历史，有人讲解茶的特征；有人泡茶，有人奉茶。既让学茶的同学观赏了茶的冲泡流程，尝到了可口的茶汤，同时学到了茶的基础知识，弘扬了茶文化，还强化了团队精神。

在一些调和茶的品鉴会上，主办方还可以介绍配料的特点，讲述茶叶对人体健康的好处等。

专题品饮会场景

（十一）组织无我茶会

"无我茶会"是1990年台湾地区蔡荣章先生组织的"陆羽茶文化研究会"创办的一种茶会形式，提倡人人泡茶、人人奉茶、人人喝茶，更提倡"人人为他人服务，不求回报"的无私奉献精神。早在1999年第七届国际"无我茶会"在杭州柳浪闻莺公园举办时，杭城有10所学校200位同学参加了活动。许多小朋友还穿了民族服装，给各国选手和前来观看的宾客留下了深刻印象。之后杭州青少年活动中心也举办了多次少儿"无我茶会"。

杭州少年儿童参加"国际无我茶会"

（十二）举行敬老茶会和尊师茶会

在重阳节时，学校可邀请一些小茶人的家长参加学校组织的敬老茶会，让同学们在会上朗诵或宣讲学茶心得，介绍茶的知识，并泡茶敬奉给长辈。通过以上活

动使家长了解同学们学茶的成果，从而支持孩子学茶艺，同时促使家长也共同参与学茶活动，今后还可以一起参加家庭茶艺等比赛。

还可在教师节上举办尊师茶会，同学们将沏泡好的茶奉送给老师，增进师生情谊。

举办这类茶会，可以培养小茶人敬老尊师的优良品质。

少儿茶艺队在敬老茶会上展示茶艺并敬茶

（十三）举办茶具和茶品鉴赏会。

可以组织同学们将家中各式各样的茶具或茶叶带来展出，举行鉴赏会，同学们自己介绍它们的名称及有关内容，让大家鉴赏我国丰富多彩的茶具和茶叶品种，促使同学们收集相关资料，从而收获更多茶文化相关知识，锻炼组织编写相关内容的能力。

（十四）制作小茶点

有烘焙条件的学校，可开设茶点制作课，教同学们制作茶点，并在茶艺活动中请同学和老师品尝。

（十五）制作小茶包、利用茶粉画画。

茶叶有去除异味的功效，可让同学们将碎布制成小包，包中放置茶叶碎末，用棉花填充后收紧，制成端午香包形状，可放置在教室、房间、汽车内，也可挂在胸前，有祛除异味的功效。

目前有各类茶的茶粉，同学们可以将其用在纸上绘画。具体来说，就是在纸上用铅笔绘画，然后用胶水涂在线条上，最后用各类茶粉（或单一茶粉）撒在胶水上，完成茶画。

（十六）设计各类茶艺小剧本

学校组织各类少儿茶艺赛时，同学们可利用学到的茶知识、泡茶技能来设计茶艺小剧本，如小动物泡茶。在泡茶的同时，其他同学可以在旁边进行诗朗诵和舞蹈，使茶艺形式不局限于仅泡一杯茶的模式。

例：

1.穿越

人数：不限

内容：小朋友分成二组（可单人也可小组），一组泡现代茶，一组宋点茶。

第一组穿现代服装，端盘上场，在一侧泡现代茶。第二组穿汉服，在舞台另一侧进行点茶。两组冲泡完成后，由后台释放烟雾营造时间穿越的情境，双方交换送茶，建立友谊。

意义：中国古老的茶文化从古流传到今，意义深远。

2.森林茶会

内容：由小朋友化妆成各类小动物，聚集在一起泡茶饮茶。

人物：由一位小朋友先上场泡茶，可用茶壶泡好茶，将小杯置放在茶盘中。"小动物们"手持各类佐料，如"小蜜蜂"手拿蜂蜜，"小白兔"手拿葡萄干，"小鹿"手拿核桃仁等（这些都可以自行设计）。"小动物们"将各类佐料置放在品茶杯中，由主泡手将茶汤倒入杯中，然后用搅拌棒搅拌后品饮。

意义：冲泡加各种佐料的调和茶是小朋友们喜爱的方式，大家聚会品茶，表现以茶会友的情景。

3. 民族茶会

内容：小朋友身穿民族服装上场，演示各民族茶艺。

因民族茶艺沏泡程序繁琐，可让小朋友先跳各民族舞蹈上场，然后集中在一张桌子旁边，泡一种茶。

例：

由身穿白族服装的几位小朋友上场冲泡三道茶，其余人可穿各民族服装，边跳舞边上场，然后围坐在桌子边，品饮三道茶。

4.敬老茶会

内容：由小朋友化妆成祖孙、师生等人物进行泡茶敬茶。

操作：

（1）"爷爷"坐在椅子上看报，小朋友蹦蹦跳跳背着书包回家，告诉"爷爷"在学校学习了茶艺，要给他泡茶，然后放下书包，取出茶具，开始泡茶、奉茶、敬茶。

（2）两位小朋友手端茶盘上场泡茶。一位去后台请出"老师"坐在桌边，另一位献上泡好的茶。

意义：体现了以茶敬老、以茶敬师的茶人精神。

5.西式奶红茶茶艺

内容：17世纪中国红茶传入英国，开始了红茶加奶、糖的品饮方式。目前，奶红茶已传遍欧洲、美洲，成为这些国家的主流饮品。

操作：

（1）小朋友身穿英式服装，桌面上放置水壶、茶壶、奶罐、糖罐、红茶包等。

（2）小朋友男女搭配，牵手上场。两人一张桌，由女孩担任主泡，男孩为副泡。

程序：温壶—置茶包—冲泡—上下举动茶包—将茶包丢弃入水盂—在各茶杯中加入方糖—倒茶汤入各小茶杯—取茶勺加奶—搅拌—送茶—品饮。

6. 少儿茶操编排

内容：茶操的设计之初是少儿保健操和茶艺相结合的一种形式，将茶艺的动作以优美的手势操形式进行展示，也可以将茶艺动作融入到少儿保健操中去。

操作：

（1）小朋友身穿校服或茶服，统一着装，根据场地大小和人员数量进行站位排序。

90年代上海少儿茶操表演

（2）演示前需行茶礼，在背景音乐的指引下用优美的手势进行泡茶程序演示。

程序（以绿茶杯泡为例）：摆器手势—提壶注水手势—温杯手势—置茶手势—温润泡及闻香手势—冲泡手势（凤凰三点头）—奉茶手势—行礼退场。

2016年杭州市紫阳小学茶艺手势操表演

十一、少儿茶艺记事节选

20世纪90年代少儿茶艺师在中国农科院茶叶研究所表演

20世纪90年代上海少儿茶艺夏令营来杭州交流并参观了
中国茶叶博物馆，带动了杭州少儿茶艺活动的开展

1997年7月沪杭两地少儿茶艺师资在中国茶叶博物馆前留影

1997年杭州市青少年活动中心成立杭州市第一支少儿茶艺队，采茶舞曲作者周大风先生和茶叶界的老专家莅临

2004年上海学生少儿茶艺考级会上的幼儿茶艺表演

2006年《浙江画报社》采访九莲小学少儿茶艺队

2006年时任中国国际茶文化研究会会长的刘枫、副会长
宋少祥和参加全国少儿茶艺赛的杭州九莲小学少儿合影

2011年中国杭州国际名茶博览会青少年茶艺大赛

2011年中国杭州国际名茶博览会青少年茶艺大赛

徐南眉荣获2019年老茶缘茶叶研究中心颁发的"老茶人贡献奖"，
其大学时期的班主任，90岁高龄的刘祖生教授为其颁发奖状

2018—2019年老茶缘茶叶研究中心、浙江省职业培训学校、杭州市创赢职业培训学校等单位组织的少儿茶艺师资培训班。

后 记

　　茶文化是我国悠久茶叶发展史中的瑰宝，是向少年儿童进行爱国主义和传统文化教育的优秀载体。开展少儿茶文化教育，内容丰富多彩，形式活泼多样，深受少年儿童喜爱。

　　目前，随着成人茶文化职业培训工作的展开，产生了众多的师资力量，为茶文化进校园奠定了基础。少儿学习茶文化已引起教育部门的重视，上海是最早开展少儿茶艺培训的地区，自1992年黄浦区少年宫开展少儿茶文化培训以来，至今已有28年。

　　如今杭州、北京等主要城市都早已陆续开展茶艺活动。杭州市自1995年就已在青少年活动中心首次举办培训，至今仍在延续，已有几十所中小学对学生开展茶文化教育。今天在全国各地，少儿茶文化培训教学已经得到了教育部门的重视，开展得如火如荼，形成了规模。

　　在少儿茶艺活动培训推广过程中，存在成人化的趋向，缺乏童趣。笔者所在的浙江老茶缘茶叶研究中心（由杭州各单位茶叶老专家组成，民政部四星级社团）为此已举办多期少儿茶艺师资班培训，为全国各地培养少儿茶艺师资力量，深受各地欢迎。

　　笔者自1997年就开始进行少儿茶艺培训，深刻体会到：少儿培训切忌成人化，一定要有适合少儿的内容，尤其是在校园中开展的茶文化活动要有自己的特色，为此编写这本教材，以供行业中人参考。

　　徐志高是南宋点茶非遗传承人，杭州历届"南宋斗茶会"策划执行者，积极从事点茶教学宣传工作并首创多种点茶技法和分茶品饮形式，任浙江传忠国术研究院副院长，杭州旅游职业学院外聘茶文化教师，并多次担任少儿帅资班培训老师，2016年G20杭州峰会中积极参与接待员培训和接待事宜，被浙江省人民政府评为"浙江省先进个人"。

　　在本书编辑过程中得到了多方支持，特此感谢良渚云华幼儿园周仙凤园长、良渚云华幼儿园崇福分园负责人金美娟老师、瓶窑镇第一幼儿园王丰珍园长以及王瑜、王琦、刘颖、林吴杰、华波、张引凌等同志，同时感谢老茶缘茶叶研究中心、杭州湖畔居茶楼的大力支持。

参考文献

[1]陈宗懋.中国茶叶大辞典[M].北京：中国轻工业出版社，2000.

[2]陈宗懋.中国茶经[M].上海：上海文化出版社，1992.

[3]杨招棣.茶艺师[M].杭州：浙江科学技术出版社，2008.

[4]江用文，童启庆.茶艺师培训教材[M].北京：金盾出版社，2008.

[5]徐南眉，郑健美.休闲茶艺[M].杭州：浙江人民出版社，2014.

[6]倪焕凤.少儿茶艺[M].上海：上海科学技术出版社，1994.

[7]卢晓明.少儿茶艺教学研究与实践[M].上海：上海交通大学出版社，2012.